Divulgación Científica

Sexto Volumen del Décimo Libro de la Serie
365 Selecciones.com

Pedro Daniel Corrado

Este sexto tomo pertenece al Décimo Libro de la Colección 365Selecciones.com, en donde tratamos temas relacionados con la Divulgación Científica. Los primeros nueve libros de la misma son los 365 Cuentos Infantiles y Juveniles, Poesías Clásicas y Libros Célebres, disponibles en el mismo sitio de internet.

En este tomo nos concentramos en todas las preguntas relacionadas con el Sol y la Luna. Sabemos que ambos astros regulan el clima, las mareas, los eclipses, y las cosechas en nuestro planeta.

Se sospecha también que pequeñas variaciones en la temperatura de la corona solar pueden perfectamente explicar los períodos de glaciación, y hasta de mini glaciaciones, que desembocaron en períodos de hambrunas y terribles revoluciones sociales, como la ocurrida en el período de la Revolución Francesa.

Sabemos también que la presencia de la Luna ayuda a estabilizar la oscilación del eje terrestre, permitiendo de esa manera que nuestro planeta albergue diversidad de climas, cosechas, y hasta culturas y civilizaciones.

En este tomo, iremos indagando paulatinamente los misterios y las evidencias que rodean a estos dos importantes astros, muy ligados a nuestras vidas. Abordar la investigación en torno a estos temas puede ser algo inabordable. No obstante, estoy convencido que la antigua colección de Walter Montgomery Jackson lo logró, aunque mucho del material se encuentra completamente actualizado con los nuevos conocimientos y descubrimientos científicos.

Necesitamos animarnos a preguntar, ya que ésta fué la única manera de lograr adquirir conocimientos sólidos, y llegar a tener un pensamiento autónomo y capacidad de sana crítica.

La lectura como permanente ejercicio ayuda a disciplinar nuestro intelecto y nuestro espíritu, dotándolos de gran precisión para expresar nuestras propias ideas, y fortalecer de esta manera nuestra independencia de criterio.

Muchas de las ilustraciones son únicas y de gran valor artístico.

Los otros libros de la Colección incluyen Cuentos Sagrados; Cuentos de la Naturaleza; Cuentos de Reyes y Reinas, Princesas y Príncipes; Cuentos Variados; Cuentos de Hadas, Duendes y Gnomos, Cuentos Heroicos, Poemas Clásicos y Libros Célebres. También estaremos publicando libros de Arte.

Estoy convencido de que toda la colección será un verdadero Tesoro que sus hijos agradecerán toda su vida.

También será un regalo para Usted mismo, ya que le permitirá completar su formación profesional, ya que quedará sorprendido por varios de los tomos científicos que publicaremos, por su exposición didáctica y original, abierto a todos los públicos.

Copyright © 2017 Pedro Daniel Corrado

All rights reserved.

ISBN-13: 978-1542568449 / ISBN-10: 1542568447

Es el acceso directo al conocimiento

EDITORIAL HIGHWAY ES PROPIEDAD DE PATH SOCIEDAD ANÓNIMA ARGENTINA

Editorial HIGHWAY es un emprendimiento de PATH Sociedad Anónima, Argentina. Nos ocupamos de editar y difundir contenido Cultural, Educativo, Científico y Tecnológico de gran calidad pedagógica que forma la base del aprendizaje de toda persona que quiera cultivarse, al mismo tiempo que se entretiene.

Estamos interesados en editar todo tipo de material que profese una alta calidad espiritual e intelectual, que ayude a la niñez y a la juventud, así como a las personas adultas y mayores, en la permanente formación de valores cristianos, y que impulse el espíritu de independencia de criterio y solidez interpretativa, fomentando al mismo tiempo la educación continua.

Estaremos gustosos de recibir sus correos, así que no dude en escribirnos.

Vea todas las Novedades en nuestro sitio www.365selecciones.com

Correo Electrónico: info@365selecciones.com

PATH SOCIEDAD ANONIMA DE ARGENTINA

Clave Fiscal: 30-64999935-6

HIGHWAY es marca registrada de PATH Sociedad Anónima Nº 1.789.936 para la Clase 38

CONTENIDO

EL SOL – Pag. 2

LA LUNA – Pag. 20

DEDICACION

Deseo dedicar toda esta obra a mi madre Alcira Sorani, quien siempre fue mi sostén en todo momento, y a todos los docentes que me formaron desde mi niñez. Deseo dedicarla también a los Sagrados Corazones de Jesús y la Virgen María, a San Alberto Magno, Santo Tomás de Aquino, San Ignacio de Loyola, y a todos los mártires cristianos.

RECONOCIMIENTOS

Deseo las mayores bendiciones espirituales y materiales para todos mis maestros, profesores, amigos y bienhechores. Un especial recuerdo para el Dr. Luis Enrique Smidt, quien me ayudó y guió en mis comienzos como profesional independiente, así como a la Dra. Viviana Andrea Lerchundi y la Dra. Estela Marta Coria. A mi querida hermana Graciela Alcira y Carlos Martín Erwin Neumann, ambos amigos y socios. Un especial reconocimiento para Walter Montgomery Jackson a quien solo conocí a través de múltiples lecturas que formaron la base de muchos de mis conocimientos.

EL SOL

¿DE QUÉ ESTÁ FORMADO EL SOL?

No hace aún muchos años, hubiéramos tenido que decir, siguiendo la opinión general, que era imposible contestar a esta pregunta. Nadie sospechaba entonces que exponiendo un prisma de cristal a la luz del sol, y observando el aspecto de los rayos después que lo han atravesado, se podría determinar con toda seguridad qué elementos químicos se hallan en el sol, en el punto de donde procede la luz.

Al estudiar la luz solar, en esa forma, pudo haber sucedido que nos revelase la presencia en la superficie del sol de cuerpos completamente distintos de los elementos conocidos en la Tierra; pero el caso es que actualmente tenemos pruebas, que no dejan lugar a duda, de que el sol está compuesto de los mismos elementos que entran en la composición de la Tierra y en la de nuestro propio cuerpo, o sea, substancias como el carbono, el oxígeno, el calcio, el hierro y otras muchas.

¿QUÉ SON LAS MANCHAS DEL SOL?

Las manchas del sol fueron vistas, por primera vez, por Galileo, en 1609, o sea hace más de cuatro siglos atrás. Son de color oscuro y no sólo han sido estudiadas con poderosos telescopios, sino que se han efectuado numerosos análisis espectrales de la luz. Un astrónomo norteamericano ha descubierto a principios del siglo XX cuál es su naturaleza.

Se deben a una especie de tempestades magnéticas que se

desarrollan en los gases que constituyen la atmósfera del sol. Las que existen en una de las mitades de este astro, giran siempre en dirección opuesta a las que vemos en la otra mitad, como ocurre también con los movimientos ciclónicos del aire sobre la superficie de la Tierra.

Cuando se analiza la luz procedente de estas manchas, se ve que han sido influidas por una clase especial de fuerza llamada magnetismo; y esta es una de las razones por las cuales sabemos que las manchas del sol son realmente a modo de tempestades magnéticas, que se desarrollan en la superficie de dicho astro.

Las manchas del sol ejercen manifiesta influencia sobre los imanes terrestres, siendo posible también que exista cierta relación o dependencia entre las manchas aludidas y el tiempo reinante en la Tierra; no ya tanto sobre el tiempo que reina cada día cuanto sobre las condiciones climatológicas, en general, de un período determinado de años. Sabemos que las manchas del sol alimentan o decrecen de un modo regular cada once años.

Pero no debemos decir que las manchas del sol mueven las agujas magnéticas de la Tierra, ni hacen cambiar el tiempo. Cualquiera que sea la causa de las manchas del sol, que tal vez no reside dentro del mismo astro, es cierto que provocan al mismo tiempo perturbaciones de carácter magnético en la Tierra.

Ignoramos a qué profundidad se encuentran las expresadas manchas en la superficie del sol. No son enteramente superficiales, y podemos demostrar que su obscuridad es debida a que emiten menos luz y calor que el resto de la superficie solar.

Si consideramos la superficie total del sol como un gas, como una atmósfera encendida, nos las explicaremos mejor cuando sepamos lo que ocurre en nuestra propia atmósfera.

Sabemos que en el seno de esta última tienen lugar numerosos movimientos giratorios del aire, algunos de los cuales son muy extensos y se trasladan de un lugar a otro al mismo tiempo que giran.

Los nuevos conocimientos que el hombre va adquiriendo, gracias a la navegación aérea, han venido a demostrar que estos movimientos giratorios se encuentran en todas las regiones de la atmósfera.

Pero la atmósfera del sol forma parte de un globo que es todo gaseoso, y contiene una temperatura elevadísima; de suerte que es probable que encontremos en ella mucho más movimiento de esta especie que en la nuestra, y que las manchas del sol provengan de estos torbellinos que penetran mucho más en su superficie; y por eso, cuando el sol gira, sus manchas le acompañan en su movimiento.

¿HAY MAREAS DE FUEGO EN EL SOL?

Hemos dicho que, si hubiese mares en la Luna, habría mareas. Ahora bien, en el sol no existen océanos de agua, ya que toda su superficie está cubierta por un verdadero mar de gases calientes; y sabemos que el sol, a semejanza de la Tierra, gira sobre su eje, y en la misma dirección que nuestro globo. Así, pues, la superficie del sol cambia de forma, a medida que gira sobre su eje, por efecto de la atracción de la Tierra, y quizás también por la de otros planetas, y en especial por los que tienen una masa tan grande como Júpiter.

Al decir «quizás» queremos significar únicamente que tal vez la atracción sea lo bastante intensa para que podamos apreciar sus efectos. Tiene que haber atracción, porque ésta se ejerce siempre entre todas las porciones de materia, sea cual fuere el lugar donde se encuentren, aunque no sea siempre lo suficientemente sensible para que podamos apreciar sus resultados.

Estas mareas, producidas en el sol por la influencia de la Tierra, deben ser colosales, mucho más importantes aún que las originadas por la influencia del sol sobre la Tierra en fusión, en épocas remotas. Pero en ningún caso pudieron causar mal a ninguna criatura viviente, pues la vida no puede existir en tales condiciones.

¿QUÉ ES LO QUE HACE ARDER AL SOL?

El sol no arde, en la verdadera acepción de la palabra, como nos lo demuestran las evidencias empíricas por dos razones.

La primera es que, a la elevadisima temperatura que existe en el sol, la combustión no es posible, por raro y extraño que a primera vista nos parezca; y segundo, porque puede demostrarse que hubiese hace ya mucho tiempo que el sol se habría consumido, si su calor y su luz se debiesen a la combustión.

Es posible calcular la cantidad de energía que el sol produce; pero tenemos que atribuirla a algo que no sea la combustión. El conocimiento de la procedencia de la energía del sol es de la mayor importancia.

Es preciso desechar toda idea de combustión; **el calor debe ser producido por el choque de unos átomos contra otros, al contraerse**

el sol bajo la acción de su propia gravedad; la luz y el calor que recibe de otras estrellas, deben también influir algo; y se sabe hoy en día que probablemente la mayor parte del poder del sol procede del interior de sus propios átomos, los cuales lo recibieron, antes que nada, del Autor de todo poder en el universo.

¿POR QUÉ SE CONSERVA EL SOL ENCENDIDO?

Se calcula que la Tierra tiene unos 2.000 millones de años, y como el proceso que ha dado origen a nuestro planeta, es seguramente el mismo que dió nacimiento al Sol, se deduce que nuestro astro rey tiene, como mínimo, una edad de 2.000 millones de años.

¿Cómo es posible que este inmenso astro haya estado irradiando colosales cantidades de energía, en forma de calor y luz, durante un lapso tan fabuloso sin enfriarse?. ¿Qué recurso, qué misteriosa fuente de energía tiene el Sol en su seno que pueda explicar este despilfarro aparentemente ilimitado?.

Durante muchos años este interrogante fué uno de los grandes misterios de la ciencia. Para tener una idea del problema basta pensar en lo siguiente : suponiendo que el Sol fuera una bola de carbón, su combustión total apenas duraría 6.000 años. ¡ Pero hemos dicho que el despilfarro dura ya 2.000.000.000 de años por lo menos !.

Se comprende, pues, que los físicos y astrofísicos se hayan desconcertado ante este misterio, sin atinar a dar una explicación satisfactoria.

Ha sido necesario llegar a esta era, que podemos llamar,

apropiadamente, «la era atómica», para aclarar el misterio: la fuente casi inagotable de la energía solar se halla en el seno mismo de los átomos, en el interior de estas ínfimas partículas que forman la materia.

Alberto Einstein, el célebre físico alemán, ya en 1905 había calculado que en un solo gramo de materia hay concentrada una energía de unos 25 millones de kilovatios—hora. La desintegración de la materia solar, pues, asegurará energía para incontables millones de años, ya que la masa solar según los cálculos daos astrónomos es de cuatrillones de toneladas.

LA SOMBRA DEL MUNDO

COMO ARROJA LA LUNA SU SOMBRA SOBRE LA TIERRA, INTERCEPTANDO LA LUZ DEL SOL

CÓMO SE INTERPONE LA LUNA ENTRE LA TIERRA Y EL SOL, PRODUCIENDO LA SOMBRA QUE VEMOS EN EL GRABADO ANTERIOR

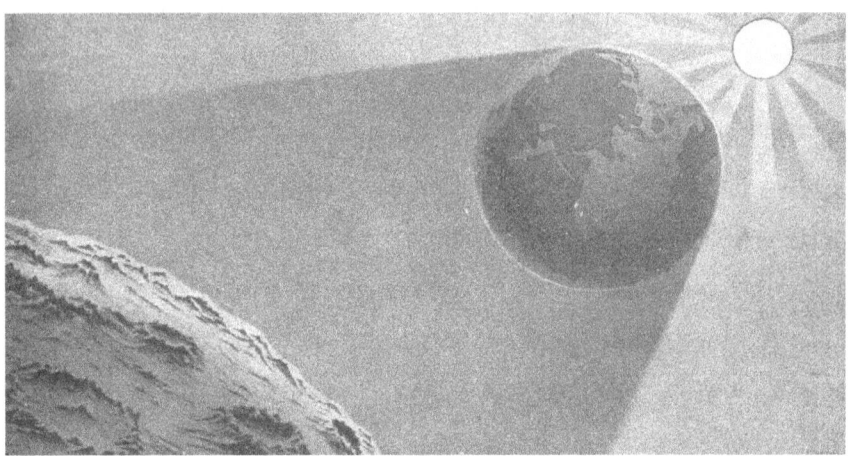

CÓMO PROYECTA LA TIERRA SU SOMBRA SORE LA LUNA

En su viaje por el espacio, la Luna pasa a veces entre la Tierra y el sol; interceptando la luz que este astro nos envía, como puede verse en el primer grabado. El siguiente nos demuestra que la Luna sólo proyecta su sombra sobre una parte de la Tierra; pero en los lugares donde la ocultación del sol es completa, la obscuridad es tan intensa, que permite ver las estrellas. Este fenómeno es conocido con el nombre de eclipse de sol. A veces, también la Tierra pasa entre el sol y la Luna, impidiendo que los rayos de luz emitidos por el primero puedan llegar a esta última, como puede verse en el segundo grabado. Este fenómeno recibe el nombre de eclipse de Luna

¿CUÁL ES LA CAUSA DE LOS ECLIPSES DE SOL?

Los eclipses que más consternaban a los hombres, eran, sin duda alguna, los de sol. Raras veces se eclipsa el sol totalmente; pero, cuando esto ocurre en un día despejado, el efecto es de lo más admirable.

De repente, empieza a obscurecerse el firmamento, hasta hacerse casi de noche; la temperatura desciende; el rocío se deposita en las plantas; los pájaros se recogen; las flores cierran sus cálices; y todo esto sucede tal vez en la mitad del día, y sin que haya la menor nube en el cielo.

Después, al reaparecer la luz, retorna también la vida de la naturaleza. Los eclipses de sol no los produce sombra alguna, sino que son causados por la interposición de la Luna entre la Tierra y el sol, cuando la vemos pasar proyectándose sobre el disco de este astro.

Esto ocurre a menudo; lo que no es tan frecuente es que cubra por completo toda la superficie del sol, privándonos enteramente de su luz. Dichos eclipses son los más interesantes. Se conoce de antemano la hora exacta en que han de tener efecto, los lugares del globo en que han de ser visibles, y hasta el número de segundos que la obscuridad total ha de durar.

Se hacen grandes preparativos, y acuden los hombres de ciencia cargados de telescopios y cámaras fotográficas, y toda clase de instrumentos, tal vez a la isla de Groenlandia, o a alguna isla perdidas medio del Océano Pacífico, sólo para aprovechar los cuarenta segundos, o cuando más cuatro minutos, durante los cuales el disco de la Luna ha de adaptarse exactamente al del sol; porque en este corto espacio de tiempo pueden descubrirse y estudiarse muchas cosas relativas a este último astro, que sólo en condiciones semejantes pueden verse.

LA LUNA CUBRIENDO ENTERAMENTE EL DISCO DEL SOL

Este es uno de los espectáculos más grandiosos que pueden contemplar nuestros ojos: la Luna pasando por delante del disco del sol. Ocurre a veces que la Luna se interpone entre la Tierra y atmósfera impidiendo que los rayos de luz que éste emite puedan llegar hasta nosotros. A este fenómeno se le da el nombre de eclipse

Sabemos que la confirmación de la Teoría de la Relatividad General, que postula que la luz se tiende a curvar bajo la influencia del campo gravitatorio de cuerpos masivos, tuvo su plena confirmación observando la trayectoria de la luz de una estrella, y midiendo cuánto se curvaba durante un eclipse de sol, es decir cuánto influenciaba el campo gravitatorio del mismo en la trayectoria de la luz de esta estrella.

¿ES PELIGROSO OBSERVAR A SIMPLE VISTA LOS ECLIPSES SOLARES?

Si, absolutamente peligroso. Puede una persona quedar ciega si lo hace. La clave para entender el por qué es muy sencillo. Si intentamos mirar directamente al sol, sabemos que no podremos hacerlo porque todo el disco solar impacta sobre nuestros ojos, y su luz brillantísima nos obliga de desviar la vista.

En cambio, cuando el disco solar se encuentra total o parcialmente oculto por la Luna, pareciera que podemos enfocar nuestra vista sin problemas, mirando directamente a los bordes solares.

Sin embargo, esa corona solar exterior tiene la suficiente energía electromagnética para lastimar el fondo de nuestra retina de manera permanente, incluso sin que nos demos cuenta.

No debemos ni siquiera usar anteojos oscuros de playa, sino que siempre hay que observar los eclipses a través de lentes especiales, provistos especialmente por los centros de astronomía.

¿DE DONDE PROCEDE EL OXIGENO DEL SOL, SI EN ESTE ASTRO NO HAY PLANTAS?

No es fácil de comprender, pero debemos recordar que un objeto puede poseer una temperatura elevadísima y enrojecerse y flamear sin que haya combustión ni combinación alguna con el oxígeno.

El hilo de las lámparas eléctricas de incandescencia es un ejemplo bien conocido de esto. Ahora bien, hace ya mucho tiempo, creían los astrónomos que el calor y las llamas del sol eran debidas a combustiones que tenían lugar en este astro, lo mismo que ocurre en la Tierra; pero después se hicieron a sí mismos la pregunta siguiente:

«Si la luz y el calor del sol son debidos a la combustión, ¿de dónde procede el oxígeno y el combustible indispensables para, ella? » Si el sol estuviese ardiendo, como arden las cosas en la Tierra, se habría consumido hace muchos millones de años.

No hay materia suficiente en el sol para engendrar toda la luz y todo el calor que produce.

Por consiguiente, el calor y la luz que del sol emanan, no proceden de ninguna combustión ni combinación, como ocurre también en el caso de la lámpara eléctrica de incandescencia. **El calor del sol se sostiene también en parte, por la incesante contracción que su masa experimenta, en un proceso llamado fusión nuclear.**

¿HAY AGUA EN EL SOL?

Tenemos la seguridad completa de que en el sol no hay agua. Sabemos, sí, que tanto el oxígeno como el hidrógeno existen en el sol, como existen en la Tierra, y no podemos dudar de que como se atraen recíprocamente aquí para formar el agua, deben atraerse allí también.

Sin embargo, no puede haber agua en el sol, porque está tan caliente que ninguno de los elementos, ni siquiera el oxígeno y el hidrógeno pueden combinarse allí. Si producimos un calor intenso, podremos obligar a separarse del agua el oxígeno y el hidrógeno, y esto es lo que sucede en el sol, o mejor, el sol no se ha enfriado jamás para dejarlos unirse.

¿SE ENFRIARÁ EL SOL ALGUNA VEZ, LO MISMO QUE LA TIERRA?

Indudablemente que sí. El sol, la Tierra y la Luna están formados de las mismas materias, y los tres se van enfriando de conformidad con las mismas leyes.

Es innegable que la Luna es la más fría de los tres; pero es debido a su tamaño, inferior al de los otros dos, y sabido es que los objetos pequeños se enfrían con mayor rapidez que los grandes, porque proporcionalmente a su masa, tienen mayor superficie por donde perder el calor.

La Tierra es mayor que la Luna, y por eso no se ha enfriado tanto aún. El gran planeta Júpiter es mucho mayor que la Tierra, y se conserva tan caliente todavía, que es probable que nos envíe alguna luz propia, juntamente con la que nos refleja del sol.

Este es aún mucho mayor que Júpiter, y por eso no se ha enfriado tanto, ni con mucho. Pero si estudiamos el sol y lo comparamos con otras estrellas, veremos que se va enfriando, y que con el tiempo, llegará a enfriarse enteramente.

¿CUÁL ES LA CAUSA DE QUE PERMANEZCA EL SOL SIEMPRE CALIENTE?

La respuesta que acabamos de dar nos dice que la palabra siempre no debe ser aplicada al calor del sol, aunque éste haya conservado una temperatura elevada desde muchísimo antes de hacer el hombre su aparición en la Tierra.

El sol, sin embargo, no permanecerá siempre caliente. Hace millones de siglos, antes de que la Tierra y el sol fuesen lo que son hoy, no existía tanto calor. El calor se produjo gradualmente, al parecer, cuando se contrajo la gran masa de gases, o nebulosa, formados principalmente por hidrógeno y helio, de la que ambos astros se formaron.

La parte central de esta nebulosa, es lo que llamamos hoy sol, y tiene pues una maravillosa historia. Aun hoy, en ciertas partes del firmamento, podemos ver estrellas que muestran diferentes períodos de lo que fué la historia del sol.

Está probado que este astro poseyó a su tiempo una temperatura mucho mayor que la actual; debió haberse encontrado al rojo blanco, como en la actualidad lo están las estrellas más blancas.

Ahora está al rojo amarillo; algún día llegará a estar al rojo natural u ordinario, y luego gradualmente, irá amortiguando su luz hasta que deje de emitirla en absoluto. Mas para que esto ocurra, habrán de transcurrir tantos millones de siglos, que el entendimiento humano no puede imaginar una duración tan grande.

¿CÓMO SE DESCUBRIÓ QUE EL SOL ES MAYOR QUE LA TIERRA?

Hay varias maneras de averiguar el tamaño de un cuerpo, tal como el sol. Ante todo, cuando empleamos la palabra mayor podemos referirnos al tamaño, o bien a la cantidad de materia que contiene dicho astro; o dicho en otros términos, podemos referirnos al volumen o a la masa, y el estudio de cada uno de éstos datos nos conduce al descubrimiento del otro.

Podemos averiguar el tamaño o volumen del sol, midiendo el diámetro de su disco. Sin embargo, la mera medición del disco del sol, tal como nosotros lo vemos, no es por sí solo un dato positivo, pues de él sólo sacaríamos la idea de que el sol tiene próximamente el mismo tamaño que la Luna; **pero si conocemos la distancia que le** separa de nosotros, podremos deducir su tamaño de este dato, y de la magnitud del diámetro de su disco, tal como lo vemos nosotros.

Podemos estudiar la masa del sol valiéndonos de nuestros conocimientos relativos a las leyes de la gravitación universal. La gravitación es completamente independiente del volumen, magnitud o tamaño de los cuerpos; **depende únicamente de la masa.**

Conocidas las leyes de la gravitación, fácil es averiguar la masa de cualquier cuerpo celeste, cuyo poder de atracción puede ser medido; porque sabemos que dicho poder depende exactamente de la masa del cuerpo en cuestión, siempre que las demás circunstancias permanezcan invariables.

De este modo es posible calcular la masa del sol, y aun las masas de las estrellas que carecen de luz, que se encuentran a distancias enormes, y cuya existencia conocemos solamente porque su atracción perturba los movimientos de otros astros.

¿CÓMO PODEMOS VER LA LUZ DEL SOL, CUANDO NO HAY AIRE QUE PUEDA TRANSMITIR LAS ONDAS LUMINOSAS?

La luz es un fenómeno que no requiere ningún medio material para su propagación, ni siquiera aire. En tales condiciones, no existe inconveniente en que la luz emitida por el Sol llegue hasta nosotros.

Durante muchos siglos fué un verdadero misterio esta cualidad de la luz de poder propagarse en el vacío absoluto. Se explica que los sabios estuviesen tan intrigados, puesto que si la luz era un movimiento vibratorio-ondulatorio; como el sonido también es un movimiento vibratorio-ondulatorio, y como este movimiento del sonido requiere un soporte material (digamos así), partículas que vibren y propaguen la ondulación, era natural pensar que en el caso de la luz también debía haber «algo» que vibrase y ondulase, por lo que se supuso la existencia de un agente invisible que se llamó éter. Sin embargo, ese éter hipotético ha sido desechado por la teoría de la relatividad.

¿SE ENFRIARÁ ALGUNA VEZ EL SOL, ADQUIRIENDO LA MISMA TEMPERATURA QUE LA TIERRA?

Así debe de ocurrir, ciertamente. Pero el enfriamiento del sol no ha de detenerse ahí, sino que, de subsistir dicho astro, se enfriará por completo y todo por igual, lo cual no ha ocurrido aún a la Tierra.

Esto no sucedería si el sol tropezase con alguna otra estrella, y la fuerza del choque elevase su temperatura de nuevo; pero en este caso dejaría de ser nuestro sol. Éste habría desaparecido, aunque la materia que lo forma subsistiese.

De la nada no puede sacarse nada. A cada momento, y de un modo incesante, el sol emite de su seno enormes cantidades de energía, bajo la forma de calor, luz y otras radiaciones electromagnéticas.

Si recibiese de otra fuente la misma cantidad de energía que de él sale, no existiría motivo para que se enfriase. Los astrónomos han estudiado con extraordinario interés esta cuestión.

El sol recibe cierta cantidad de energía de las estrellas fugaces que van a sumergirse en su masa, y de la luz que recibe de las demás estrellas; pero esto no significa nada comparado con la que constantemente pierde.

Preciso será, por consiguiente, que se enfríe, y le sucederá sin duda alguna lo mismo que a los millares de estrellas o soles fríos, que sabemos que existen en el cielo.

¿ESTÁ INMÓVIL EL SOL?

No. Tenemos pruebas indiscutibles de que por lo menos se halla animado de dos movimientos distintos, y acaso de otros más. El sol, en primer lugar, da vueltas sobre sí mismo; lo podemos comprobar observando las manchas que aparecen por un lado del disco, lo recorren de parte a parte, y desaparecen por el otro borde, para luego reaparecer al cabo de unos pocos días.

El sol gira en el mismo sentido que la Tierra, que es también el sentido en que esta última da vueltas alrededor de aquél. En segundo lugar, mediante la observación del sitio que ocupan las estrellas, puede demostrarse el hecho, mucho más sorprendente, de que el sol se mueve por el espacio, siguiéndole en su movimiento, claro está, junto al sistema planetario entero, y por tanto, a nuestro propio globo terráqueo.

Existe una estrella refulgente, conocida con el nombre de Vega, que es un astro de los más espléndidos, y de luz más blanca que hay en el firmamento; y se supone que corresponde aproximadamente al punto del espacio hacia el cual se dirige nuestro sol con su cortejo de planetas. La velocidad de ese movimiento es de unos veinte kilómetros por segundo.

¿INFLUYE EL SOL EN LAS MAREAS?

El sol también origina mareas, en la misma forma y por las mismas razones que la Luna; pero la fuerza atractiva disminuye con mucha rapidez, a medida que aumenta la distancia a cuyo través se ejerce. Por eso, aunque el sol es mucho mayor que la Luna, la distancia a que se encuentra de nosotros es tan inmensamente superior a la que nos separa de la Luna, que su influencia sobre nuestros mares es relativamente pequeña; pero es apreciable, no obstante.

¿PRODUCE EL SOL MAREAS EN NUESTRA ATMÓSFERA?

Cuando pensamos en estas mareas de los gases sobre la superficie del sol, no debemos olvidar que nuestra propia atmósfera está también formada de materia, y se halla, por consiguiente, sujeta a la atracción del sol y de la Luna.

Hay, por lo tanto, mareas atmosféricas, como las hay oceánicas, y estas mareas gaseosas, a diferencia de las del sol, pueden ser de gran importancia para la vida, ya que afectan a la gran envoltura gaseosa que sostiene la vida en la Tierra.

¿POR QUÉ BRILLA EL SOL AL MEDIODÍA MÁS QUE EN LAS PRIMERAS HORAS DE LA MAÑANA Y EN LAS ÚLTIMAS DE LA TARDE?

El sol parece más caliente y brillante cuanto mayor sea su altura en el cielo, y en las regiones tropicales ocurre lo mismo, porque su color y su luz llegan más directamente a la Tierra a través del aire, en lugar de atravesarlo oblicuamente, con lo que recorren un camino más largo dentro de la atmósfera

Todo el mundo se hace cargo de que así debe ocurrir cuando se trata del océano, y de que las ondas luminosas que inciden sobre él, deben debilitarse al atravesar la masa de sus aguas, de suerte que su fondo debe hallarse completamente oscuro.

Nuestra mente y nuestros ojos ven cómo el agua intercepta el paso de la luz, obscureciéndose el mar con mucha rapidez a medida que se desciende; pero los ojos de la mente no ven con tanta facilidad que lo mismo debe ocurrir en el océano de aire, porque nos cuesta trabajo hacernos cargo de que el aire, aunque es mucho menos denso que el agua, es una substancia tan material como ella, y por consiguiente, debe presentar un obstáculo al paso de la luz.

El aire deja pasar gran cantidad de luz solar, la suficiente para la vida; pero es menos intuitivo explicar cómo una cosa transparente, como el aire o el cristal, dificulte tan poco el paso de las ondas de luz por su masa.

¿POR QUÉ SI EL SOL ES SIEMPRE EL MISMO, UNOS DIAS SON MÁS CALUROSOS QUE OTROS?

De varios modos puede ser contestada esta pregunta. Puede ocurrir que, a pesar de no variar el calor del sol, sus rayos atraviesen el aire unos días con más oblicuidad que otros.

Esta es la gran diferencia que existe entre los días del verano y los del invierno. Cuanto mayor sea la masa de aire que el calor traspase, menos lo sentiremos.

Además, si el aire que sopla es caliente, será el día más caluroso, que si recibiésemos una corriente de aire frío. Es decir que el calor del día depende del viento reinante, casi tanto como de la fuerza del sol.

Por último, si el aire contiene gran cantidad de vapor de agua, nuestro sudor no podrá evaporarse.

La evaporación del sudor de nuestra piel contribuye de un modo eficaz a refrescarnos el cuerpo, que mientras conserva su vida, está produciendo calor constantemente.

Si la evaporación del sudor se hace lenta, por poseer ya el aire casi todo el vapor de agua que puede contener, sentimos más calor, y decimos que el día es caluroso.

Es posible que la temperatura ambiente no sea superior a la de otros días que nos parecen más frescos; pero en nuestros juicios nos dejamos guiar por nuestras sensaciones, las cuales dependen de la facilidad o dificultad con que nos deshacemos del agua que exhalamos por la piel y los pulmones.

LA LUNA

¿CÓMO SE FORMÓ LA LUNA?

Ésta fué una pregunta cuya respuesta insumió más de un siglo. Hubieron muchas hipótesis, que luego fueron desmentidas por las evidencias geológicas.

Se pensó inicialmente que la Luna era parte de la Tierra, la cual, debido a su alta velocidad rotacional, expulsó al espacio exterior parte de sí misma. Las evidencias geológicas de las rocas Lunares traídas por los astronautas cuentan una historia diferente. Sabemos que difieren ligeramente en su composición a las rocas terrestres.

Otra hipótesis decía que la Luna era un protoplaneta que fué atrapado gravitacionalmente por la Tierra. No obstante, esta teoría debería mostrar evidencias de una gran diferencia geológica entre las rocas Lunares y terrestres, lo que no se verificó con posterioridad, ya que ambas difieren pero ligeramente.

Por último se especuló que la Tierra fué impactada por un protoplaneta. Como resultado de esta colisión se desprendió una parte de la Tierra para formar la Luna. Esta hipótesis es la más aceptada por los científicos actuales, ya que explica con bastante precisión todas las evidencias empíricas que poseemos actualmente.

¿ES IMPORTANTE LA PRESENCIA DE LA LUNA EN LA DINÁMICA DE LA TIERRA?

Sí, absolutamente. En las próximas páginas lo iremos dilucidando, pero podemos asegurar que la vida en nuestro planeta hubiese sido imposible sin la presencia de la Luna.

Esto tiene su explicación en un hecho crucial: la estabilidad y precisión del movimiento rotacional de la Tierra, gracias a la presencia de la Luna. Ésta, mediante su influencia gravitacional sobre nuestro planeta, hace que el eje de la Tierra tenga suaves movimientos sobre el citado eje: rotación, precesión y nutación.

El que determina de manera decisiva las estaciones del año es el de precesión, el cual podemos asociarlo al movimiento bamboleante de un trompo que gira. El de rotación determina el día y la noche. El de nutación permite evaluar la actividad del magma interna de la Tierra, que es la que regula la actividad volcánica en nuestro planeta.

Como podemos ver, la influencia de la Luna y también la del Sol, determinan de manera decisiva la vida en la Tierra.

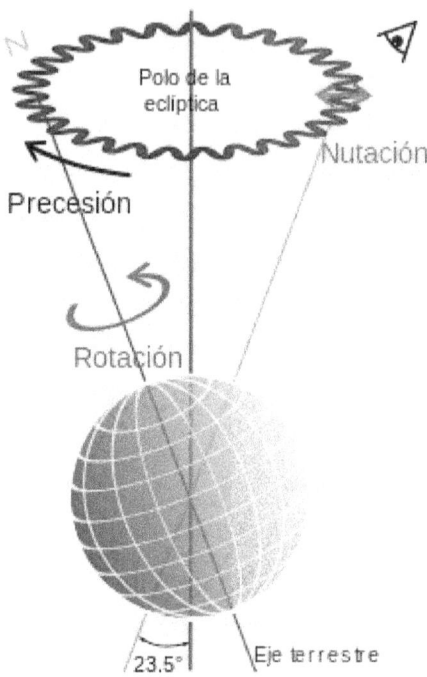

¿EJERCE ATRACCIÓN LA LUNA SOBRE LAS AGUAS DEL MAR?

La atracción que ejerce la Luna sobre las aguas del mar origina las mareas. En cualquier dique, puerto o ensenada podemos observar que el agua sube y baja dos veces al día; y este flujo y reflujo de las aguas, que las mantiene en constante movimiento, recibe el nombre de marea.

Las mareas nunca cesan, porque la Tierra nunca deja de girar, y este movimiento giratorio de nuestro planeta es el que, en cierto modo, produce las mareas.

En una palabra, las mareas tienen cierta relación con los días. Desde tiempos muy remotos, aun antes de que los hombres conocieran que la Tierra gira sobre su eje, observaron, como no podía menos de suceder, que las mareas guardan también cierta relación con la Luna. En nuestros días sabemos con toda precisión cuanto se relaciona con las mareas.

¿DE QUÉ MODO ORIGINA LA LUNA LAS MAREAS?

Supongamos que la Luna no girase alrededor de la Tierra, sino que la acompañase simplemente en su movimiento a través de los espacios. En este caso, la Luna saldría y se pondría diariamente, mas siempre a las mismas horas. Y de este modo, habría mareas diarias en todos los puntos del mundo, lo mismo que actualmente, mas siempre a la misma hora.

La diferencia entre esto y lo que ocurre realmente es que la Luna se mueve alrededor de la Tierra, mientras ésta gira sobre su propio eje. Esto hace que la Luna salga y se oculte en cada lugar de la Tierra, aproximadamente media hora más tarde cada día, y está comprobado que las mareas experimentan un retraso semejante. La Luna, como el agua del mar, son substancias materiales, y es sabido que la materia atrae, y es atraída por la materia.

Este fenómeno ha recibido el nombre de gravitación universal.

Entre la Tierra y la Luna existe naturalmente esta misma atracción mutua; pero como la mayor parte de la Tierra está cubierta de agua, y los líquidos no son rígidos, claro es que los efectos de esta atracción se harán especialmente sensibles sobre los distintos mares.

Las aguas situadas enfrente de la Luna son atraídas por ella, y como la Tierra gira constantemente sobre su eje, se comprende que una ola tremenda y veloz debe caminar noche y día a través de los diversos océanos, siguiendo los movimientos de nuestro satélite. Si en la Luna hubiese mares, también habría en ella mareas debidas a la atracción de la Tierra; y como ésta es mucho mayor que aquélla, las mareas en la Luna serían enormes.

Pero en la Luna no hay mares, si bien es probable que existan los lechos de ciertos océanos, secos hace largo tiempo ya. La acción de la Luna se reduce simplemente a atraer hacia sí las aguas existentes sobre la superficie de la Tierra, a medida que ésta gira y le presenta sucesivamente sus diversas porciones líquidas.

EL SOL, LA LUNA Y LAS MAREAS

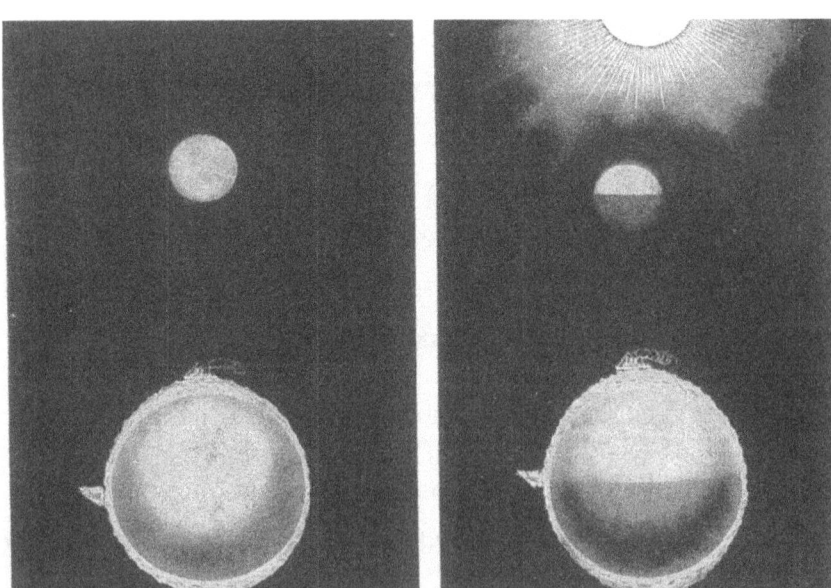

El primero de estos grabados nos da idea de cómo atrae la Luna las aguas de la Tierra, originando una pleamar en el casquete que mira hacia ella, y otra en el directamente opuesto. El segundo grabado nos enseña que no es sólo la Luna la que produce las mareas: el sol también influye en ellas, aunque con bastante menos fuerza, por hallarse mucho más distante. Cuando la atracción del sol y de la Luna se ejercen en el mismo sentido, las mareas son más altas, y reciben el nombre de mareas vivas

¿ATRAEN EL SOL Y LA LUNA SIMULTÁNEAMENTE A LA TIERRA?

Acabamos de decir que la principal consecuencia del movimiento real de la Luna alrededor de la Tierra, es que aquélla parece salir en cualquier punto a una hora diferente cada día, variando de igual modo las horas de las mareas. Además, como nuestro satélite completa una revolución alrededor de la Tierra cada veintiocho días y pico, hay momentos en que la Luna y el sol se encuentran a un mismo lado de la Tierra, y otros en que, por el contrario, se hallan el uno a un lado y la otra al otro lado de nuestro planeta, mientras en los intervalos, las líneas que unen a dichos astros con el centro de la Tierra, forman entre sí un ángulo de 90 grados, o muy próximo a esta medida.

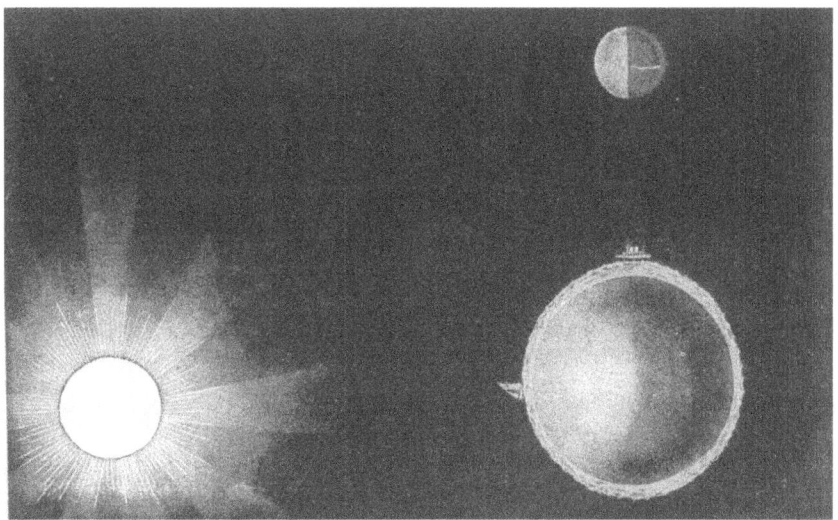

Cuando el sol solicita las aguas en una dirección y la Luna en otra distinta, como se ve aquí, las mareas no son tan importantes, porque se

contrarrestan las atracciones de ambos astros. Como se puede notar en estos grabados, cuando es pleamar en unas partes del globo, es bajamar forzosamente en otras

Ahora bien, cuando el sol y la Luna ejercen su atracción en un mismo sentido, sus fuerzas se suman, y las aguas durante unos cuantos días subirán y bajarán algo más que de ordinario.

Durante otra parte del mes, mientras el sol y la Luna están en oposición, ejercen su atracción en sentido contrario. La Luna atrae las aguas con la misma fuerza, pero como el sol a su vez las atrae en sentido opuesto, los efectos de la primera atracción no son tan importantes.

Durante otros días, en fin, las mareas no se distinguen por su debilidad, ni tampoco por su pujanza. Observen las mareas día por día, por espacio de un mes, y podrán comprobar por ustedes mismos todo esto.

¿POR QUÉ AVANZAN Y SE RETIRAN LAS AGUAS?

Podernos comparar la playa con el borde de un plato lleno de agua sólo a medias: si se le añade líquido, la marea «sube». Al elevarse el nivel del agua, aumenta la parte del borde cubierta por dicho líquido, y al contrario.

De este modo podremos comprender cómo las aguas avanzan y se retiran a distintas velocidades, al parecer, en los diferentes lugares. En un dique donde el agua se halla confinada, por decirlo así, en un recipiente de paredes verticales, es preciso añadir una gran cantidad de líquido para que la diferencia de nivel sea apreciable, y por eso, la marea parece subir muy despacio.

Por el contrario, cuando existe una playa con declive muy suave, el aumento de agua, debido a la atracción de la Luna, como ya hemos explicado, se extiende sobre una superficie muy amplia, y decimos entonces que la marea crece con rapidez.

Si se vierte una cucharada de agua en un vaso grande, de paredes verticales, sólo se cubrirá una parte muy pequeña de dichas paredes ; pero si se vierte esa misma cantidad de líquido en una mesa plana, de fijo cubrirá una buena porción de la superficie de dicha mesa.

Hay lugares donde sube la marea con mucha mayor velocidad de la que puede sobrepasar en velocidad a un hombre en su carrera, y hasta en ciertas ocasiones, que un caballo a galope.

AGUAS QUE VAN Y VIENEN CADA DIA

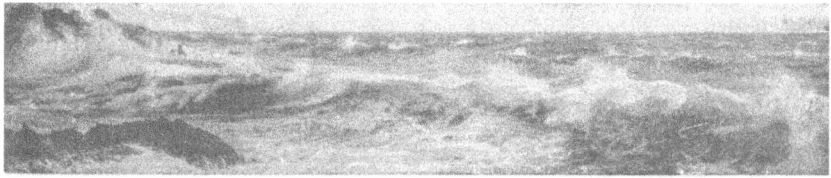

El mar, atraído por la Luna, como el acero por el imán, se precipita hacia la orilla, se estrella contra las rocas, y penetra en los diques y los ríos, haciendo subir en ellos la marea, lo mismo que en las playas

Divulgación Científica

He aquí una vista del Támesis, tomada en Londres, durante el reflujo. El agua baja tanto en estas ocasiones, que las embarcaciones quedan casi en seco, a la espera de que el flujo las vuelva a flote

Cuando repunta la marea, el mar remonta el cauce del Támesis e impide que corran sus aguas; se llena el canal y se cubren sus orillas. Flotan de nuevo los botes y gabarras, y en los lugares en que antes sólo había fango, sondamos en pleamar 7,40 metros de agua. El nivel se ha elevado, por lo tanto, a la altura de una casa de dos pisos, y millones de litros de agua han subido hasta Londres

¿A QUIÉN PERTENECE LA CARA QUE VEMOS EN LA LUNA?

IMAGINAR que vemos caras u otras figuras en la Luna es algo semejante al juego de la imágenes del fuego. A veces nos imaginamos realmente que vemos una cara en la Luna, si bien mudamos de opinión, cuando nos hacemos hombres, probablemente porque en la escuela nos enseñan lo que hay de verdad en este asunto.

No cabe duda, sin embargo, de que existen ciertas manchas en la Luna, muy extensas, y algunas de ellas muy altas, comparadas con el tamaño de aquélla. Su altura se comprueba midiendo la longitud de las sombras que arrojan sobre la superficie del satélite, cuando los rayos del sol las iluminan de costado.

Algunas de estas manchas constituyen lo que podemos llamar montañas de la Luna; otras forman como hendiduras o golfos; y las más notables y hermosas tienen todo el aspecto de cráteres de imponentes volcanes.

Estos son muy grandes, y sus laderas muy altas, como puede comprobarse cuando las ilumina el sol de costado. Estos cráteres son sobre todo los que nos hacen ver una cara, o una vieja recogiendo leña, o cualquiera de las otras figuras que en todas las edades ha creído ver en ella la imaginación de los hombres.

¿HUBO ACTIVIDAD VOLCÁNICA EN LA LUNA?

Queda por resolver, sin embargo, una cuestión en extremo interesante, que los astrónomos estudiaron en su momento con afán.

¿Son estos cráteres verdaderos cráteres, y estuvo en alguna ocasión la superficie de la Luna cubierta realmente de volcanes?.

Hubo quienes opinaron que las cosas ocurrieron realmente, tales como las vemos en nuestro satélite desde la Tierra, y que los volcanes son tan grandes por ser la Luna tan pequeña.

Este razonamiento parece a primera vista muy extraño; pero se explica porque, siendo la Luna muy pequeña, debió enfriarse y contraerse con mucha rapidez, dando esto lugar a la formación de grandes y numerosos volcanes.

Pero otros astrónomos opinan que, según todas las probabilidades, estas manchas no fueron nunca volcanes.

Arguyen en favor de su tesis que la Luna carece de atmósfera, a semejanza de la nuestra, capaz de hacer las veces de un gran muele protector o de la coraza de un buque de combate; y que por esta causa el efecto de los meteoritos o estrellas fugaces al caer sobre ella son muy graves; y que en cierto período de su historia, cuando su superficie era mucho más blanda que actualmente, los fragmentos de roca, o como queramos llamarlos, que procedentes de los espacios interplanetarios, chocaban contra ella, animados de una espantosa velocidad, pudieron muy bien producir esos agujeros que nosotros llamamos cráteres.

Si esto es cierto, las manchas citadas no son tales cráteres, sino enormes cicatrices o huecos abiertos en la superficie de la Luna.

Lo que sí sabemos con certeza ahora, es que la Luna sí tiene cráteres, y que además la superficie de la Luna se encuentra recubierta con lava endurecida. Incluso se descubrió, mediante un Orbitador de Reconocimiento Lunar (Lunar Reconnaissance Orbiter o LRO, por su sigla en idioma inglés), de la NASA, una formación especial llamada Inna, y que hay además otros 70 paisajes similares a ella.

Lo interesante es que al parecer Inna estaba activa hace 50 millones de años, en el momento que los mamíferos tomaban el control de la Tierra, lo que obligó a los científicos a reexaminar lo que sabían respecto a nuestro satélite. Hoy estamos convencidos que en la Luna late actividad geológica.

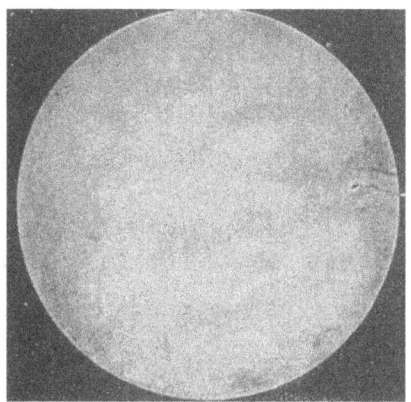

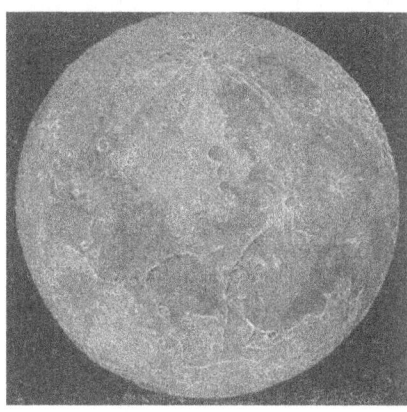

Divulgación Científica

Cuando decimos que la Luna semeja a la cara de un hombre queremos dar a entender que las sombras que vemos en la figura superior nos recuerdan los ojos, la nariz y la boca de una persona; pero en la imagen inferior, que es una vista de la Luna a través de un telescopio, nos muestra el artista cómo es posible obtener una imagen mucho más exacta de un hombre con sólo acentuar algunas líneas de las que realmente existen

Si contemplamos la Luna a través de unos gemelos de teatro, o, mejor todavía, de un telescopio, desaparecerá por completo esa cara imaginaria. Lo que ocurre sencillamente es que estas manchas parece, a simple vista, algunas veces, que toman el aspecto de una cara.

Estas anchas están formadas por montañas, cordilleras, cráteres y fondos ya secos e los que un día tal vez fueron océanos y mares. Las manchas más prominentes y las que más le prestan la apariencia de una cara, son cráteres de volcanes apagados, muy distintos de los que existen en la Tierra, porque sus dimensiones son enormes.

Es probable que todos los volcanes de la Tierra cupiesen con holgura dentro de uno de estos cráteres de la Luna, algunos de los cuales miden centenares de kilómetros de diámetro.

UN PAISAJE LUNAR

Para los niños la Luna es de queso; para los artistas es sencillamente un hermoso satélite de nuestro, planeta, que produce maravillosos efectos de luz al rielar sobre las aguas, y que en el juego de luz y da sombras suele semejar una cara que se burla de los nidos que quisieran comérsela

Aconsejamos al lector que jamás haya mirado a la Luna a través de unos gemelos o de un telescopio, que lo haga. Desaparece la cara, pero vemos en cambio cosas mucho más admirables, y es fácil descubrir, aun con unos gemelos pequeños, a qué son realmente debidas estas manchas.

Muchas veces se ven mejor las montañas, cuando la Luna no está llena del todo, si se hallan situadas en el borde de la parte iluminada.

¿HAY FUEGO EN EL INTERIOR DE LA LUNA?

Cuando hablamos de fuego en el interior de la Tierra, no entendemos una cosa que arda como una hoguera, sino algo que se encuentra a una temperatura muy elevada y resplandecería si lo viésemos.

Tratándose de la Tierra que habitamos, podemos cavar un pozo muy profundo para averiguar lo que la temperatura aumenta a medida que descendemos, y estudiar las substancias calientes que arrojan los volcanes.

Pero se hace muy difícil averiguar cuál es la temperatura de la superficie misma de la Luna, y nos es naturalmente imposible cavar pozo alguno en ella. Sólo podremos, pues, calcular cómo es probable que se halle el interior de la Luna, siguiendo para ello varios métodos.

No cabe duda de que la temperatura interior de la Luna fué, hace un tiempo, en extremo elevada, pues los grandes volcanes que se observan en su superficie lo demuestran.

Estos volcanes, sin embargo, se hallan apagados actualmente, y el interior de la Luna no se encuentra, por tanto, tan caliente.

Las dimensiones de estos volcanes nos demuestran, por otra parte, que nuestro satélite debió perder su calor de un modo violento y rápido.

Ahora bien, conocemos las dimensiones de la Tierra, y podemos calcular la velocidad con que pierde su calor.

Sabemos, además, que esta pérdida se halla muy retardada por esa inmensa capa que nos rodea, conocida con el nombre de atmósfera.

La composición de la Luna debe de ser muy semejante a la de la Tierra, y debió tener, al formarse, la misma temperatura que ésta, pero carece de atmósfera que conserve su calor, y su tamaño es tan inferior al de nuestro planeta, que necesariamente hubo de enfriarse con rapidez mucho mayor, del mismo modo que nuestro globo, que es mucho menor que el sol, se ha enfriado con mayor velocidad que éste.

Por consiguiente, es probable que el centro de la Luna diste mucho de hallarse a una temperatura tan elevada como el de la Tierra.

¿LLEGARÁ DIA EN QUE LA TIERRA DEJE ESCAPAR A LA LUNA, Y CESARÁN ENTONCES LAS MAREAS?

A la primera de estas preguntas es preciso contestar en sentido negativo, porque la distancia a que la Luna puede alejarse de la Tierra tiene un límite, y opinan los astrónomos que, cuando la distancia que la separa de nosotros alcance dicho límite, empezará a acercarse nuevamente.

Sostienen que algún día se estabilizará la distancia de la Luna a la Tierra, y no cabe duda de que entonces disminuirán las mareas, porque serán producidas solamente por el sol.

Estas últimas mareas subsistirán, naturalmente, aunque serán muy distintas de las que el mismo astro producía en edades muy remotas (1.500.000.000 de años, según cálculos), cuando aun no se había formado la corteza sólida de la Tierra, y toda el agua que hoy existe se hallaba flotando en la atmósfera, como aun subsiste hoy día una parte de ella suspendida en forma de vapor.

Aquellas sí que eran mareas, porque, no existiendo Tierras, la gran ola de la pleamar navegaba constantemente, sin obstáculos, sobre la superficie libre del globo, atraída por el sol. Pero el elemento móvil que constituía estas mareas no era simplemente agua, sino roca de fusión, como la hirviente lava, que a veces se desliza por las vertientes de los volcanes.

¿LLEGARÁ DÍA EN QUE LA LUNA COMPITA EN VELOCIDAD CON LA TIERRA EN EL ESPACIO?

La Luna camina más despacio que la Tierra; pero se calcula que llegará el día en que aquélla gire alrededor de nuestro planeta con la misma velocidad que la Tierra gira sobre su eje. Si esto ocurre alguna vez, cesarán las mareas producidas por la Luna, aunque la Tierra no se desprenda de su satélite.

Ambas se moverán durante algún tiempo como formando un solo

cuerpo, cual si una sólida barra de acero las uniese (siendo de advertir que, si alguna vez se proyectase construir dicha barra, su espesor tendría que ser tal que excediese en diámetro al de la Luna).

La idea que acabamos de exponer puede expresarse de otro modo, diciendo que el día y el mes llegarán a tener la misma duración, cuando transcurran millones y millones de años, durante los cuales se irán haciendo gradualmente el día más largo y el mes más corto.

SI EN LA LUNA NO HAY AIRE, ¿QUÉ SE HA HECHO DE SU ATMÓSFERA?

En el enunciado de esta pregunta se empieza por afirmar, como un hecho indubitable, la existencia de una atmósfera en la Luna en tiempos ya remotos; pero, en realidad, no hay motivo alguno para darlo por sentado.

Debemos averiguar, ante todo, si existió alguna vez tal atmósfera, y después será ocasión de tratar de descubrir qué fué de ella. Los astrónomos creen que tenemos razón en afirmar que, en épocas remotas, tuvo la Luna una atmósfera o envoltura gaseosa, como la posee actualmente la Tierra.

Aun existen argumentos para afirmar que quedan todavía algunos restos de ella en sus valles más profundos; lo cual nos explicaría las lentas y poco importantes, pero verdaderas alteraciones que se observan en la superficie de la Luna, de la misma manera que la atmósfera de la Tierra explica los numerosos cambios que en si superficie se obran.

Por atmósfera se entiende una envoltura gaseosa, y el estudio de la formación de los cuerpos celestes nos enseña que primitivamente todos se hallaban dotados de ella. Marte, para citar un ejemplo, está dotado de atmósfera. Pero los astrónomos llegarían a dudar de que la Luna la hubiese tenido, si no supiesen cómo explicar lo que ha sido de ella. Afortunadamente no es así.

Cuando estudiamos los movimientos de los átomos y moléculas de los gases, descubrimos que abandonarían los cuerpos celestes si las dimensiones de éstos no fueran lo bastante grandes para que su gravitación los retuviese. La gravitación de la Tierra impide que el aire se escape.

Marte, por ser más pequeño, no puede retener adosada a su superficie una atmósfera tan densa como la de la Tierra; y la pequeñez de la Luna impide que este satélite retenga atmósfera alguna. Todos los átomos de gas que en ella existieron un día, se escaparon al espacio, sin que se sepa a punto fijo a dónde fueron a parar.

No obstante, sabemos que existe una tenue capa atmosférica, con seguridad proveniente de actividad interna de la Luna, como nitrógeno y monóxido de carbono, así como del llamado "viento solar", el cual proviene del sol, que expulsa gran cantidad de partículas a alta velocidad hacia el sistema planetario. La Luna no posee capa de protección, por lo que estas partículas llegan a su superficie.

¿POR QUÉ NO BRILLA LA LUNA DE DÍA?

La Luna y las estrellas brillan lo mismo que de noche, sino que no las vemos; como el sol brilla de noche aunque no nos alumbre a nosotros, por encontrarnos en el hemisferio de la Tierra opuesto al que mira hacia él. No podemos ver las estrellas de día, porque la claridad del sol nos lo impide; pero cuando ésta se eclipsa, las vemos resplandecer en el cielo.

Sin embargo, por muy grande que sea la claridad del sol, no lo es tanto que nos impida ver la Luna por completo. Claro es que esto no es posible, cuando este satélite sale después de ponerse el sol; pero cuando sale durante el transcurso del día, la vemos con frecuencia; y, si la vemos, buena prueba es de que brilla, aunque aparentemente no lo haga con la misma intensidad que durante la oscuridad de la noche.

¿POR QUÉ AUMENTA EL BRILLO DE LA LUNA CUANDO SE PONE EL SOL?

Si observamos la Luna cuando el sol comienza a ponerse, veremos que su brillo aumenta cada vez más, hasta adquirir su mayor esplendor cuando las sombras de la noche han cubierto la Tierra por completo.

Indudablemente su brillo ha sido siempre el mismo, pero mientras el sol está visible, es tal la cantidad de luz directa y reflejada que nos envía, que hace palidecer la de la Luna quitándole su brillo.

Lo mismo ocurre con nuestros sentimientos e ideas. Una persona en medio de una reunión puede brillar de tal modo por su conversación, que nos haga olvidar a los demás circunstantes; los cuales adquieren, sin embargo, brillo propio, cuando aquella se marcha.

Y si, teniendo un fuerte dolor de cabeza, recibimos un gran golpe en la espinilla, dejaremos de sentir el dolor de la cabeza hasta tanto que el de la espinilla no se nos haya aplacado. Podemos, pues, decir que el sol eclipsa a la Luna como a otra luz cualquiera, pues aunque no sea así exactamente, ese efecto nos produce.

¿POR QUÉ VEMOS MUCHAS VECES TODO EL DISCO DE LA LUNA, A PESAR DE NO HALLARSE MÁS QUE EN PARTE ILUMINADO?

La razón es que la Tierra brilla reflejando la luz del sol, a semejanza de nuestro satélite; y esta luz es lo suficientemente intensa para iluminar la Luna, y por eso vemos a veces la parte del disco que no se halla alumbrada por el sol.

En un famoso poema inglés existe un error, tan curioso cono célebre, que prueba que su autor no estaba muy al tanto de lo que ocurre en la Luna, y que al parecer, no había visto lo que todos hemos contemplado. Nos referimos al poema titulado «El viejo marino» de Coleridge. He aquí sus palabras :

«La bicorne Luna, con una estrella refulgente dentro de la extremidad inferior».

Claro es que nadie vió jamás estrella alguna en la región interior de la media Luna, porque en esa región está el resto del satélite que impediría ver tal estrella. La estrella más cercana se halla muchos millones de kilómetros más lejos que la. Luna. Si Coleridge hubiese visto alguna vez la parte de nuestro satélite no iluminada por el sol, no hubiera cometido tan inconcebible lapso.

¿CAERÁ ALGUNA VEZ LA LUNA SOBRE LA TIERRA?

Esta pregunta es un ejemplo de las muchas que pueden hacerse acerca de cuestiones astronómicas que, aunque pueden ser contestadas hasta cierto punto, no pueden serlo con entera certeza.

La razón es que estas respuestas dependen de varias fuerzas que actúan simultáneamente en el mundo. Si tuviésemos la seguridad de conocerlas todas ellas, podríamos estar seguros de lo que habría de acontecer, porque conoceríamos las leyes por que se rigen, que son ciertas e inmutables.

Pero, en realidad, sólo conocemos algunas de estas fuerzas, y por eso debemos andar con mucho tiento, porque ignoramos siempre si existirán otras con las cuales deba contarse.

Hoy sabemos que la Luna se aleja de la Tierra unos 3,78 centímetros por año. Esto se puede medir gracias a los espejos reflectores que dejaron los astronautas en la superficie Lunar.

La razón se debe a que la rotación de la Tierra se está desacelerando al ritmo de unos 2 milisegundos cada cien años, debido al rozamiento de las mareas oceánicas con la superficie sólida de la Tierra.

Como resultado, por las leyes de conservación de la energía y del momentum angular del par Tierra-Luna, ésta última aumenta la velocidad de rotación y en consecuencia se aleja más de la Tierra. Llegará un momento en que la Tierra y la Luna giren sobre su eje a la misma velocidad, y entonces cesarán las mareas Lunares, y en consecuencia el alargamiento de los días del Tierra y el alejamiento de la Luna respecto a ésta.

¿A QUÉ ALTURA SOBRE EL HORIZONTE VERÍAMOS LA TIERRA SI NOS HALLÁSEMOS EN LA LUNA?

Aunque no sea muy fácil entenderlo, podemos contestar desde luego que, si nos hallásemos en la Luna, veríamos la Tierra muy elevada sobre el horizonte. La Tierra es una esfera, como todos sabemos, y todo el que contemple desde su superficie el espacio, cree encontrarse en el centro de todas las cosas, y que los astros todos se hallan suspendidos en el cielo en torno suyo.

Vemos todo lo que existe en la parte superior del cielo, y no lo que hay en la inferior, porque la Tierra nos lo oculta. Si ésta fuese transparente, veríamos el sol, la Luna y las estrellas en la parte inferior del cielo, aun debajo de nuestros propios pies, de la misma manera que vemos las que están en la parte superior.

Lo mismo podríamos decir respecto a cualquier otro cuerpo celeste, lo cual nos enseña que las palabras superior e inferior, no tienen de por sí sentido alguno, pues se refieren únicamente a nuestros puntos de vista. La Tierra, vista desde la Luna, presentaría mucho mayor tamaño que ésta contemplada desde nuestro globo, y lo mismo podemos decir respecto de su brillo.

La diferencia entre la Tierra y los océanos se apreciaría perfectamente; y con ayuda de telescopios, como los que nosotros poseemos, podrían descubrirse los edificios de las grandes ciudades.

La diferencia más importante sería probablemente que las nubes ocultarían con frecuencia al que observase desde la Luna los pormenores de la Tierra.

Como la Luna carece prácticamente de atmósfera, su superficie no se oculta jamás a nuestra vista, ni aun siquiera imperfectamente, como con la de Marte ocurre a veces. Pero cualquier observador colocado, sea en Marte, sea en la Luna se admiraría de ver que fuera posible la vida en un mundo cubierto con frecuencia por nubes tan espesas como el nuestro.

¿EXISTEN HABITANTES EN LA LUNA?

Sólo vemos un lado de nuestro satélite, porque al girar lentamente sobre su eje a medida que recorre su órbita alrededor de la Tierra, lo hace de modo que nos presenta siempre el mismo hemisferio.

Pero podemos tener completa seguridad de que no hay habitantes en la Luna, ni en el hemisferio que vemos ni en el otro.

La vida humana es imposible en la Luna, porque en ella no existe aire ni agua. Aun suponiendo que sus habitantes pudiesen prescindir de estos dos elementos de vida, se abrasarían de día por no existir atmósfera que los proteja contra el terrible calor del sol, y se helarían de noche, por carecer de dicha envoltura, que impide que el calor solar, absorbido durante el día, sea irradiado durante la noche. Podemos, pues, asegurar que jamás existieron, ni existen actualmente, habitantes en la Luna.

Es posible que en cierta época hubiese en la Luna una vida vegetal rudimentaria, y hasta suponen algunos que aun pueden existir vestigios de ella en el fondo de sus valles más profundos, pues cabe en lo posible que aún subsistan en ellos cantidades en extremo reducidas de aire y agua. Lo que si es indudable es que no se ha descubierto en toda la superficie Lunar, expuesta a nuestra vista, señal alguna que revele la existencia de seres inteligentes.

¿A QUÉ SE DEBEN LOS HALOS QUE SE FORMAN EN TORNO DE LA LUNA?

Cuando contemplamos la Luna y la vemos rodeada de lo que parece ser una hermosa aureola, es fácil que nos figuremos que los halos se forman realmente alrededor de aquel astro.

No es así, sin embargo, pues estos halos no se encuentran ni mucho menos, cerca de la Luna. La prueba es que sólo se les ve de cuando en cuando, y en determinadas condiciones atmosféricas.

Se observa también que los halos se producen con más o menos frecuencia según el tiempo que hace, lo cual demuestra que su formación se debe al aire atmosférico, que dista tanto de la Luna como distamos nosotros.

Ha de haber algo en el aire que desvíe los rayos luminosos de tal suerte que vengan a formar un círculo, de diámetro más o menos grande, alrededor de la imagen de la Luna.

Este efecto es producido por el agua, en una forma o en otra, suponiéndose que unas veces son las gotas de lluvia y otras unos cristales diminutos de hielo.

¿POR QUÉ NOS PARECE QUE LA LUNA SE TRASLADA CON NOSOTROS, CUANDO CAMINAMOS?

La Luna y otros objetos del cielo, están tan lejos de nosotros, que cuando andamos no nos es posible apreciar cambio alguno en nuestra situación respecto de ellos. Cuanto más próximo se encuentra de nosotros un objeto, más fácilmente apreciamos nuestros cambios de posición respecto de él, como podemos comprobarlo sin esfuerzo comparando las diversas cosas que vemos cuando viajamos en un ferrocarril.

Los postes del telégrafo pasan ante nuestros ojos con rapidez vertiginosa; los campos ya no corren tan de prisa; los árboles que vemos en el horizonte parece casi que caminan con nosotros; y la Luna y el sol nos producen exactamente el mismo efecto que si marchasen en nuestra compañía, con velocidad idéntica. Sólo cuando el camino tuerce, o el tren recorre una curva, es cuando nos parece que dejamos atrás estos astros.

La explicación de este raro fenómeno es sencillamente que nuestros ojos no juzgan por las distancias reales, sino por la magnitud del ángulo óptico. Contemplemos un objeto, X, desde dos puntos equidistantes de él, A y B; aproximémonos después, y mirémosle desde otros dos puntos, también equidistantes, C y D.

Las rectas imaginarias que unen los centros de nuestras pupilas con el del objeto en cuestión, que se llaman ejes ópticos, forman los ángulos AXB y CXD, los cuales, como vemos, son tanto mayores cuanto más nos aproximamos al objeto, o más se acerca éste a nosotros.

Para la debida inteligencia de lo que estamos explicando debemos recordar lo que se entiende por magnitud de un ángulo. La magnitud de un ángulo nada tiene que ver con la longitud de sus lados, sino con la separación o abertura de los mismos.

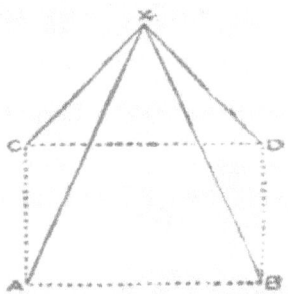

¿POR QUÉ NOS SIGUE EN EL MAR EL REFLEJO DE LA LUNA?

Esta es una cuestión que suele intrigar muchísimo a las gentes. Parece como si en cualquier lugar de la playa donde nos colocásemos, la Luna proyectase sus rayos sobre el mar, precisamente en frente de nosotros, y si nos movemos se nos figura que altera la dirección de su luz para seguirnos.

Pero, si hay dos personas juntas, y una se mueve y la otra no, ambas siguen contemplando en el mar el reflejo de la Luna. Y si colocásemos una hilera de personas a lo largo de la orilla del mar, todas ellas verían dicho reflejo al mismo tiempo, y tendrían que convenir en que todo el mar, y no solamente la línea que une cada una de ellas con la Luna, se encuentra iluminado por ésta.

Y así ocurre, en efecto; toda la superficie del mar se encuentra tan espléndidamente iluminada como la línea de reflejo que vemos. Cuando la luz incide sobre la superficie del mar es reflejada por ésta, y prosigue su camino según otra línea recta, lo mismo que una pelota cuando se la arroja sobre una superficie lisa.

Por eso nuestros ojos recogen los rayos que, después de ser reflejados por el agua, parten en la dirección de ellos, y no los que son reflejados en otras direcciones; y si nos movemos hacia uno u otro lado, recogerán otros rayos que habían partido en las nuevas direcciones, y nos parece que la línea de luz se mueve, porque cuando nos movemos nosotros vamos viendo otras nuevas.

Esta línea es más ancha, cuando el mar está embravecido, porque entonces las olas forman ángulos que reflejan la luz de la Luna en distintas direcciones, siendo mucho mayor el número de rayos que llega a nuestros ojos.

Por esta misma razón vemos con bastante frecuencia destellos del sol o de la Luna, sobre el agua, separados por completo de la línea principal; porque, por un momento, una ola sirviéndonos de espejo, ha reflejado la luz de dichos astros en nuestra dirección.

¿QUÉ PODEMOS DECIR DE LA CONQUISTA DE LA LUNA?

La epopeya del descenso del Hombre sobre la Luna, ha impulsado inmensos avances en todos los campos: en la astronáutica, ya que pudimos entender de manera precisa la forma de acoplar las naves en el espacio, y alunizar en un terreno irregular como es el suelo lunar; en la microelectrónica; en el diseño de trajes espaciales; en la astrofísica, aumentando nuestra comprensión de la historia de la Luna y de la Tierra entre otros avances.

Se está hablando actualmente que el siguiente salto es enviar una misión tripulada a Marte. En este caso, ya no son tres días de viaje, sino tres años, lo que agrega una enorme dificultad logística. También se habla de enviar robots para extraer minerales de los asteroides.

No tenemos ni qué hablar de las misiones Pioneer (Sol); Viking I y II (interplanetaria); las de Galileo (Júpiter), Cassini-Huygens (Saturno), ni del Telescopio Espacial, ni de la Estación Espacial Internacional. Nada hubiese sido posible sin haberse hecho el enorme esfuerzo de la conquista espacial, impulsada por el entonces presidente John Fitzgerald Kennedy, y que culminó bajo la presidencia de Richard Nixon en 1969, con el alunizaje de la Apolo XI, el 20 de julio de 1969.

Este esfuerzo también se vió impulsado por los formidables avances iniciales de la entonces Unión de Repúblicas Socialistas Soviéticas (URSS), siendo este bloque de países, liderados por Rusia, los primeros en enviar una misión tripulada orbital alrededor de la Tierra el 12 de abril de 1961; siendo el coronel ruso Yuri Alekséyevich Gagarin, tripulando la nave espacial Vostok 1, el primero en lograrlo.

Queremos ofrendar nuestro profundo reconocimiento a todos los héroes que impulsaron e impulsarán la conquista del espacio, la cual es un patrimonio para toda la Humanidad, y una manera de acercarnos más a Dios.

ACERCA DEL AUTOR

Pedro Daniel Corrado nació el 9 de Mayo de 1961 en el distrito federal Buenos Aires, Argentina. Estudió en instituciones educativas salesianas, y se graduó en 1979 en el colegio Pio IX.

Posteriormente recibió el título de Ingeniero en Electrónica en el Instituto Tecnológico de Buenos Aires con diploma de honor en Julio de 1987.

Fundó una empresa de Tecnología en Información en 1991 llamada PATH Sociedad Anónima.

Desde el año 1998 trabaja con la tecnología de bases de datos Oracle, y sigue con gran dedicación la evolución del lenguaje Java, así como todo lo relacionado con los formatos de almacenamiento de información XML, y gestión de documentos con los productos Oracle Content Management.

www.ingramcontent.com/pod-product-compliance
Lightning Source LLC
Chambersburg PA
CBHW061448180526
45170CB00004B/1611